REAL LIFE MATHS CHALLENGES

数学思维来帮忙

➕ ➖ 运动高手 ➗ ✖

[美]约翰·艾伦/著 马昭/译

北京时代华文书局

图书在版编目（CIP）数据

数学思维来帮忙. 运动高手 / （美）约翰·艾伦著；马昭译. — 北京：北京时代华文书局，2020.12
ISBN 978-7-5699-4012-1

Ⅰ. ①数… Ⅱ. ①约… ②马… Ⅲ. ①数学—儿童读物 Ⅳ. ①O1-49

中国版本图书馆CIP数据核字(2020)第261941号

北京市版权局著作权合同登记号 图字：01-2020-3975

拼音书名｜SHUXUE SIWEI LAI BANGMANG YUNDONG GAOSHOU

出版人｜陈涛
选题策划｜许日春
责任编辑｜沙嘉蕊
责任校对｜薛治
装帧设计｜孙丽莉
责任印制｜訾敬

出版发行｜北京时代华文书局 http://www.bjsdsj.com.cn
　　　　　北京市东城区安定门外大街138号皇城国际大厦A座8层
　　　　　邮编：100011 电话：010-64263661 64261528
印　　刷｜河北环京美印刷有限公司　　　电话：010-63568869
　　　　　（如发现印装质量问题，请与印刷厂联系调换）
开　　本｜889 mm×1194 mm　1/16　印　张｜2　字　数｜30千字
成品尺寸｜210 mm×285 mm
版　　次｜2023年7月第1版　　　　印　次｜2023年7月第1次印刷
定　　价｜224.00元（全8册）

目 录
Contents

数学真有趣

数学在日常生活的方方面面都扮演着重要的角色。在做游戏、骑自行车或者购物的时候，人们都会用到数学。在工作中，每个人都离不开数学，甚至体育明星也会用数学来帮助他们参加最高水平的比赛。本书包含了许多精彩的数学活动——包括数字、度量、形状、表格和图示，揭示了运动员们如何利用数学来帮助他们提高成绩。

数学活动

在回答部分问题时，你需要从数据表中收集一些数据。有时你还需要从题目或图表中收集事实和数据。

在解答某些问题时，你可能还需要准备一支钢笔或者铅笔，以及一个笔记本。

数学事实和数据

为了完成一些数学活动，你需要从这样的数据表中获得信息。

标枪

标枪是一种轻型长矛，用于投掷。男子标枪长约2.6米，重约800克。女子标枪较小且较轻，长约2.2米，重约600克。运动员们必须用手握住标枪的柄，从肩上方掷出。

距离

下面的数据表显示的是掷标枪场地的俯视图。场地被分割成了许多6米×6米的正方形。根据下面的投掷情况，判断标枪将落在哪个方块：

7 2008年北京奥运会男子标枪的冠军纪录是90.57米。如果标枪从A4处的投掷线沿着直线投掷，标枪落在参考网格的何处？

8 女子项目的冠军从同一点沿着直线投掷了71.42米。标枪落在参考网格的何处？

9 男子标枪的世界纪录是98.48米。如果从同一点沿直线投出，那会落在参考网格的何处？

请注意，运动员是跑到A4框的尽头，才投出标枪。所以，投掷的距离是从A4框的末端开始计算的。

（第28页有小提示，可以帮你回答这些问题。）

数据表 **有多远？**

这是一张鸟瞰图，显示了标枪着陆的地图。每个正方形的尺寸为6米×6米。

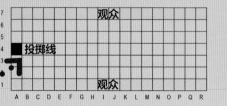

观众

投掷线

观众

A B C D E F G H I J K L M N O P Q R

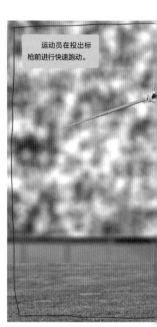

运动员在投出标枪前进行快速跑动。

运动员尽可能地伸展手臂，以获得尽可能远的投掷距离。

需要帮助吗？

·有些数学问题如果你不太确定应该如何解答，可以翻到第28—29页。我们为你准备了很多小提示，来帮你找到思路。

·翻到第30—31页，看看你的答案对不对吧。

（请你先尝试解决所有的活动和挑战，再来查看答案哟。）

关于标枪的小知识

20世纪80年代，标枪被投掷得太远，以至于它们有可能到达观众席的位置。因此，人们对标枪进行了重新设计，以防止它们飞得太远。

标枪练习场的落地区

掷标枪的纪录

1984年，乌威·霍恩掷出了104.80米的成绩。这仍然是有史以来最远的标枪投掷纪录，因为两年后标枪被重新设计了。截至2020年，新标枪的世界纪录是男子98.48米，女子72.28米。

训练时间

这些运动员每周必须训练14小时，以完善他们所需的特殊技能。回答下列问题。

10 在2周内，他们花了多少小时训练？

11 在3周内，他们花了多少小时训练？

12 在10周内，他们花了多少小时训练？

成为顶级运动员是什么感觉？

看看掷链球、从高板上跳水或跑马拉松是什么感觉。

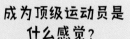

在这样的小知识方格中，你会看到关于11种不同运动的许多令人惊讶的细节。

数学挑战

在这种方格中，还有额外的数学问题等着你来挑战。快来试试吧！

撑竿跳高

这项运动始于古希腊人，当时他们用长长的棍子从公牛身上跳过去！这项古老的运动最终变成了我们今天所熟知的撑竿跳高，现在它已经成为一项奥林匹克运动。男女选手冲向横杆，将撑竿插在地上并跳过距离地面5—6米高的横杆。

漫长的一天

撑竿跳高运动员会经历十分漫长的比赛日。在奥运比赛中，来自世界各地的顶尖参赛者相互竞争，选出最好的12名。在最后两天比赛中，排名前12位的选手一决高下。

使用下一页数据表中的信息，回答关于他们最后一天活动的一些问题。

1. 运动员在一天中的这些时间里会做什么事情？
   a）上午10:10　b）上午7:10　c）上午9:09
2. 第二跳和第三跳之间相隔多长时间？
3. 第一跳和最后一跳之间相隔多少时间？
4. 参赛选手们吃早餐需要花多长时间？

如何在撑竿跳高比赛中取胜？

每位参赛者可以选择他们第一跳的高度。他们在每个高度有三次尝试机会。如果他们成功地跳过了杆子，就可以进入下一个级别。跳得最高的运动员获得冠军。

撑竿跳高

它被公认为田径运动中最难的运动之一，也是最危险的田径项目之一。这就像手握着一根大棍子，飞身跃到两层楼的高度（约6米），再掉下来一样。所以，撑竿跳高运动员在他们热爱的运动中承担了很高的风险。

气垫的挑战

撑竿跳高运动员落在垫子上，以保证安全着陆。

5 为从高空落下的撑竿跳高运动员配备尺寸合适的气垫是非常重要的。所需的气垫尺寸如下。你能算出每个气垫的占地面积吗？

气垫尺寸

下落高度	长度	宽度	高度
a）2米	4米	3米	1米
b）3米	5米	4米	2米
c）4米	6米	4.5米	2.5米
d）5米	7.5米	6米	3米
e）6米	9米	8米	4.5米

6 你可以通过将气垫的长度、宽度和高度相乘来计算出里面有多少空气。答案以立方米为单位。运动员从5米的高度落下时，所用的气垫里面有多少立方米的空气？

（第28页有小提示，可以帮你回答这些问题。）

这个时间表中的时钟显示了撑竿跳高比赛常见的时间安排。

简便早餐

检查所有设备

到达体育场

简单热身

按摩

小睡

第一跳

第二跳

在自己的座位上观看其他参赛者

第三跳

简餐

第四跳

最后一跳

胜者领取奖牌

标枪

标枪是一种轻型长矛，用于投掷。男子标枪长约2.6米，重约800克。女子标枪较小且较轻，长约2.2米，重约600克。运动员们必须用手握住标枪的柄，从肩上方掷出。

距离

下面的数据表显示的是掷标枪场地的俯视图。场地被分割成了许多6米×6米的正方形。根据下面的投掷情况，判断标枪将落在哪个方块：

7 2008年北京奥运会男子标枪的冠军纪录是90.57米。如果标枪从A4处的投掷线沿着直线投掷，标枪落在参考网格的何处？

8 女子项目的冠军从同一点沿着直线投掷了71.42米。标枪落在参考网格的何处？

9 男子标枪的世界纪录是98.48米。如果从同一点沿直线投出，那会落在参考网格的何处？

请注意，运动员是跑到A4框的尽头，才投出标枪。所以，投掷的距离是从A4框的末端开始计算的。

（第28页有小提示，可以帮你回答这些问题。）

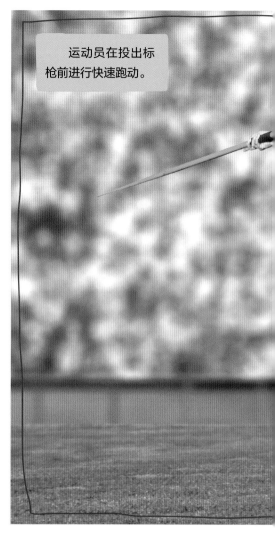

运动员在投出标枪前进行快速跑动。

运动员尽可能地伸展手臂，以获得尽可能远的投掷距离。

数据表　**有多远？**

这是一张鸟瞰图，显示了标枪着陆的地图。每个正方形的尺寸为6米×6米。

7							观众											
6																		
5																		
4	投掷线																	
3																		
2																		
1							观众											
	A	B	C	D	E	F	G	H	I	J	K	L	M	N	O	P	Q	R

关于标枪的小知识

20世纪80年代，标枪被投掷得太远，以至于它们有可能到达观众席的位置。因此，人们对标枪进行了重新设计，以防止它们飞得太远。

标枪练习场的落地区

掷标枪的纪录

1984年，乌威·霍恩掷出了104.80米的成绩。这仍然是有史以来最远的标枪投掷纪录，因为两年后标枪被重新设计了。截至2020年，新标枪的世界纪录是男子98.48米，女子72.28米。

训练时间

这些运动员每周必须训练14小时，以完善他们所需的特殊技能。回答下列问题。

10 在2周内，他们花了多少小时训练？

11 在3周内，他们花了多少小时训练？

12 在10周内，他们花了多少小时训练？

接力赛跑

现代奥运会男子和女子都有两个不同赛程的接力赛跑项目，分别为4×100米和4×400米。由4名运动员组成团队进行比赛，每个人跑自己的赛段，然后将接力棒交给下一名队员。

世界纪录

掌握时间对于接力赛跑至关重要。

截至2020年，女子4×400米世界纪录是3分15秒，男子世界纪录是2分54秒。根据男子世界纪录，计算下面的问题：

13 男子4×400米的第一段用时48秒。如果团队要达到世界纪录，其他3名运动员所花费的总时间是多少？

14 如果第二名运动员在45秒内跑完了他的那一段，最后两名运动员所花费的总时间是多少？

15 每位运动员平均花费多少时间？

（第28页有小提示，可以帮你回答这些问题。）

萨穆埃尔·加西亚代表西班牙参加2018年欧洲田径锦标赛。

这是在一场4×400米接力赛中交接棒的场景。跑道每圈有400米长，每一名选手需要跑完一圈。

传接棒

运动员要进行传接棒的训练和练习。如果因为失误掉下接力棒，团队将受到很大的影响。接棒的运动员会在接力区起跑，但必须在离开接力区前握住接力棒，以免被取消资格。要在加速的同时做到这一点是很难的，但这也让接力赛变得非常精彩！

集中精力

参赛者在接力赛跑时必须全神贯注。他们作为代表国家赛跑的团队，需要具备处理好巨大压力的能力。如果他们起步过早，就会在接力棒传递过来之前离开接力区，这样就会被取消资格。

在这样的压力下想集中精力是很难的。以下哪项任务你能在20秒内完成？（请朋友给你计时，或者自己计时。）

16 从0开始数出5的倍数，一直到200。

17 倒着数出6的倍数，从10×6开始。

18 写下"运动员"的英文单词ATHLETE，其中哪几个字母是左右对称的？

掷链球

运动员必须投掷一个用链子连接到把手上的金属球。在投掷链球时，他们必须站在一个直径2.135米的圆圈内。在链球落地之前，他们不能离开圆圈。

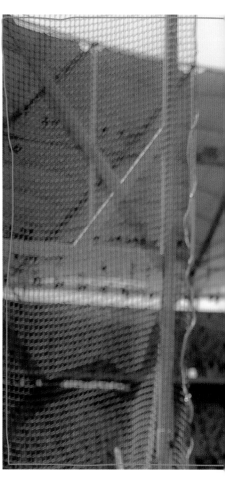

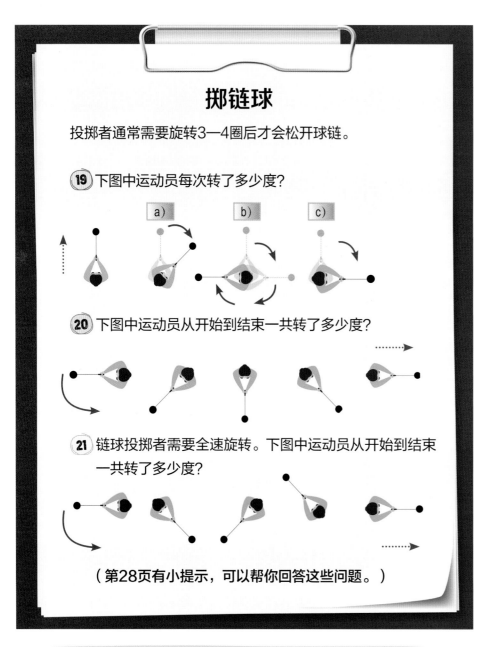

掷链球

投掷者通常需要旋转3—4圈后才会松开球链。

19 下图中运动员每次转了多少度？

a)　　b)　　c)

20 下图中运动员从开始到结束一共转了多少度？

21 链球投掷者需要全速旋转。下图中运动员从开始到结束一共转了多少度？

（第28页有小提示，可以帮你回答这些问题。）

历史

传说掷链球可以追溯到公元前2000年在爱尔兰塔拉山举办的塔尔蒂安运动会。当时凯尔特人战士库丘林抓着车轴举起了一辆战车，绕头旋转几圈后扔出了很远的距离。

速度

运动员可以将链球以很高的速度扔出非常远的距离。

请计算：

22 一旦投掷出去，链球的速度可以达到23—29米/秒。这两个速度相差多少米/秒？

23 两个速度的总和是多少？

24 如果链球1秒可以飞出30米远，而一名运动员可以将它投掷出一个难以置信的距离：105米。多少秒后链球可以达到这个距离？

世界纪录

1986年，尤里·谢迪赫把链球投掷到了86.74米。他直到2020年依然是男子世界纪录保持者。女子世界纪录保持者是来自波兰的安妮塔·沃达雷兹克。安妮塔在2016年掷出了82.98米，打破了她自己之前创造的纪录。

单杠和高低杠

在体操运动中，男子和女子的竞技项目都有自由体操和一些器械项目。男子参加的比赛有单杠，女子参加的比赛有高低杠。

高低杠

25 女体操运动员在下杠时常用的一个技术动作是向后空翻两周。她们会转多少度？

26 有少数体操运动员可以向后空翻三周。她们会转多少度？

27 向后空翻两周和三周，加起来的总度数是多少？

（第28页有小提示，可以帮你回答这些问题。）

令人惊奇的小知识

很多顶尖的体操运动员早在两岁的时候就开始学习这项运动了。以前他们从14岁就可以参加国际比赛。为了保护年轻体操运动员的健康，国际体联（国际体操联合会）将年龄限制改为16岁。

体操器械

体操运动员在比赛中会使用很多器械，下面是其中一些器械的高度。

器械	高度
男子单杠	2.8米
女子高低杠　低杠	1 660毫米
女子高低杠　高杠	246厘米
男子鞍马	1 150毫米
女子平衡木	1.25米
男子双杠	195厘米

擦镁粉

体操运动员使用镁粉来减少皮肤上的水分。这有助于他们握住杠，防止他们从上面滑落。他们的手和手腕上也有保护装置，防止受伤。

器械

男子体操比赛中有五种器械，而女子有三种。跳马是唯一的男子和女子比赛都会用到的器械。另外，男子比赛还会用到单杠、鞍马、双杠和吊环，女子比赛还会用高低杠和平衡木。

从上方的数据表找到你需要的信息，并回答下面的问题：

28 哪种器械最高？

29 以米为单位，男子双杠的高度是多少？

30 哪种器械距离地面最近（最低）？

（第28页有小提示，可以帮你回答这些问题。）

跳水

跳水有很多项目，可分为两种。一种是跳板跳水，跳水者从一个距水面1米或3米高的板子上跳下。另一种是跳台跳水，跳水者从5米、7.5米或10米高的平台上跳下。还可以分为单人跳水，即参赛者必须自己完成比赛，或者是双人跳水，两名参赛者必须一起完成比赛。跳水过程中有很多转体和翻腾动作。

一次完美的入水动作，水花非常小。

跳水

跳水者从10米高的平台起跳，在空中完成特定动作后落入水中。跳水者下落10米需要2秒左右的时间。

31 他们平均每秒会下落多少米？

32 如果他们参加的是悬崖跳水，距离水面50米高，平均下落速度不变，那他们落到水中需要多长时间？

33 如果跳水者在空中8秒，平均下落速度不变，那他们从多高的高度跳下？

34 如果跳水者在空中1.5秒，平均下落速度不变，那他们从多高的高度跳下？

（第28页有小提示，可以帮你回答这些问题。）

双人跳水

两个人一起跳水需要很多技巧，包括谨慎地选择时机。从起跳到入水，所有的动作都需要同步（两个跳水者的动作必须一致）。9名或11名裁判一部分打技术分，一部分打同步分，再按照特定的计分规则计算出最终分数。

难度系数

跳水者可以通过完成更高难度系数的跳水动作获得更高的分数。每一种跳水动作的难度系数是根据动作所包含的转体、翻腾的圈数，翻腾姿态，入水方向等来计算的。在北京奥运会上，最高的跳水难度系数是3.8。

两个跳水者同步进行屈体动作，他们的身体在臀部弯曲，而不是膝盖。

这张图展示了五个跳水高度：1米、3米、5米、7.5米和10米。

位置与数值

以下是某次运动会水上比赛的一些情况和奖牌数。

- 有1 206名选手参加了水上项目的比赛。
- 举办水上活动的场地可容纳17 000名观众。
- 59名男女选手参加了个人10米台跳水比赛。
- 所有比赛共产生958枚奖牌。

说出下面指出的数字代表的值：

35 1 206的"1"代表多少？

36 17 000中的"1"代表多少？

37 59中的"5"代表多少？

38 958中的"9"代表多少？

帆船运动

1900年，奥运会中首次进行了帆船比赛。它是女子可以参加的最早的几个项目之一。帆船比赛有5个男子项目、4个女子项目和1个包括男女运动员的混合项目。每个项目称为一项帆船比赛，每项比赛共有11—16轮。运动员们每轮比赛都有积分（第1名得1分，第2名得2分，以此类推），每艘船可以舍弃自己最差一轮的成绩。

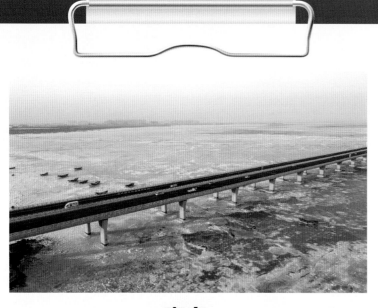

青岛

青岛是距北京五六百千米的沿海城市。靠近城市中心的浮山湾举办了北京奥运会的帆船比赛。青岛不仅是繁荣的海港和商业城市，还拥有长度在世界排名前十的跨海大桥——线路全长42.23千米的胶州湾大桥。

假设北京到青岛的距离是547千米。

39 北京到青岛的距离大约是胶州湾大桥长度的多少倍？

40 假设帆船比赛1圈长度是14千米，那么胶州湾大桥的长度大约是几圈？

如果一位选手的家位于北京和青岛之间的一座城市，距离北京200千米，且三个城市在一条直线上。

41 这位选手的家距离青岛多少千米？

42 如果这位选手坐火车从家到青岛大约需要2小时30分钟，那么火车的速度大约是多少？

男子单人艇芬兰人级比赛开始

双人帆船

这是49人级帆船，是水上最快的船之一，需要两个人一起才能驾驶这艘船。在后面的人用左手把着船舵，负责驾驶帆船。在前面的人负责控制船帆。

利用你的体重

为了让船行驶得更快，你把帆拉到迎着风的一定角度，以获得最大的风力，但同时风推着帆的力也会把船向一边推。水手们必须利用自己的体重来作为平衡风力。你会看到水手们尽量把身体向外倾斜，让船平稳地前进，同时保持最快速度。

让人神经紧绷的起航

每艘船必须与风浪作斗争，以使自己保持在离起航线尽量近的地方。如果他们在比赛开始前越过了线，就会受到惩罚。而如果他们越线太晚，就会落后于其他参赛者。

速度和距离

2008年奥运会的快速艇49人级是双人项目，一共有13轮比赛，其中最后一轮是奖牌赛，只有前10名参加。每一轮比赛持续30分钟，长度大约8千米。

43 在这13轮比赛中，顶级水手航行的总距离是多少？

44 在这13轮比赛中，他们航行的平均速度是多少？（单位是千米/小时）

（第29页有小提示，可以帮你回答这些问题。）

击剑

第一届现代奥运会在1896年举办，此后只有四个项目出现在每一届奥运会，击剑就是其中之一。击剑根据剑的种类不同分为三类，分别是重剑、花剑和佩剑。这是唯一没有重量级的格斗运动。从传统上来说，击剑手比赛时都穿着全白的衣服，因为在早期，记录击中的方法是在武器尖端上裹上一块蘸有墨水的棉布。

如何得分？

简单来说，用剑尖或剑刃接触对手即可得分。当击中有效部位时，连接着电子系统的蜂鸣器就会发出声音。在花剑中，有效部位只有身体躯干，佩剑则是腰部以上的任何部位，而重剑是身体上的任何部位。

速度

下一页的数据表显示的是速度测试的结果。请参考其中的数据回答问题。

45 有多少名击剑手的成绩少于2.8秒？

46 哪位击剑手的成绩超过3.7秒？

47 如果一位新击剑手的成绩是2.7秒，那么他的速度排第4、第5还是第8？

48 奥运会参赛选手选拔时，只选择冲刺时间小于3.5秒的女子击剑手和冲刺时间小于2.7秒的男子击剑手。有多少名女子击剑手和多少名男子击剑手将被选中？

49 谁是：

　　a）速度最快的男子击剑手？

　　b）速度最快的女子击剑手？

　　c）速度最慢的男子击剑手？

（第29页有小提示，可以帮你回答这些问题。）

数据表　　10米冲刺测试

最优秀的击剑手将速度、力量、技术和战术思想融合在一起。他们在教练的指导下练习技术和战术，在体育馆里练习速度和力量。他们需要在短距离内具有很快的速度。对10名击剑手的10米冲刺进行计时，以测试他们的加速能力。

名字	时间（秒）
约翰（男）	2.8
安妮（女）	3.7
史蒂芬（男）	2.4
安德鲁（男）	2.5
洛蒂（女）	3.4
莎伦（女）	3.9
威廉（男）	2.6
萨拉（女）	3.1
翠西（女）	3.3
詹姆斯（男）	2.6

马术

奥运会的马术比赛有三项：盛装舞步、越野赛和障碍赛。北京奥运会的马术三项赛在香港举行。其中最年长的选手是当时67岁、来自日本的法华津宽，他参加了盛装舞步比赛——这距离他1964年在东京第一次参加障碍赛已经过去了44年。

预算

参加任何马术比赛都非常昂贵。要成为佼佼者，不仅需要出色的能力，还需要有非常可观的预算！

使用下面的数据表计算：

50 如果一个骑手有两匹马，那么购买和饲养它们两年的费用是多少（不包括比赛费用）？

51 如果一个拥有一匹马的骑手一年要参加8次比赛，那么一年的比赛费用是多少？

52 使用两个隔间养两匹马，并喂养它们一年的费用是多少？

53 如果一个骑手一年参加10次比赛，那么需要支付的旅行费用是多少？

54 如果一个骑手一年参加20次比赛，住宿费用是多少？

盛装舞步比赛考验了马匹的服从性和骑手的能力。

最后一个项目是障碍赛，马匹要在一个750—900米长的赛道上越过10—12个障碍。

数据表	预算	
购买一匹顶级马的平均花费	500 000	美元
每年喂养一匹马的费用	5 000	美元
每匹马每年看兽医的费用	8 000	美元
每年使用每个马隔间的费用	12 000	美元
每年其他的费用（打马蹄铁等）	6 500	美元
平均每次参加比赛的旅行花费	8 000	美元
平均每次参加比赛的住宿花费	1 200	美元

第二个项目是越野赛，被认为是三个项目中难度最高的。马匹和骑手必须在赛道上的不同位置跳过栅栏和障碍物，该赛道可长达35千米。

估算

运动员在照顾自己和马匹的同时，还需要用到大量的数学技能，比如估算。

下面题中哪一个选项是最接近实际情况的？用估算技巧来选择。

55 一匹越野赛马（见上图）的速度可能是：

a）5千米/小时　　b）25千米/小时　　c）60千米/小时

56 骑手骑在赛马的背上，这匹赛马可以跳多高？

a）2.3米　　b）4.5米　　c）6.2米

57 一匹马从头到尾巴的长度是多少？

a）1 200毫米　　b）2.4米　　c）360厘米

马拉松

马拉松是一项长跑比赛项目，官方距离为42.195千米。它通常在公路上比赛。这项活动的灵感来自一位古希腊使者。公元前490年，他从马拉松战役地点向雅典（今希腊首都）跑了40千米，报告了希腊战士战胜波斯入侵军队的喜讯。现在，男子马拉松已经成为奥运会的最后一项体育赛事，这已经成为一种传统。

一场马拉松比赛起跑处的参赛者

比赛

2008年北京奥运会马拉松比赛，肯尼亚选手塞缪尔·万吉鲁以2小时6分32秒的成绩夺冠。比赛全程接近42.2千米。

58 比赛的半程距离是多少？

59 如果塞缪尔·万吉鲁以稳定的速度奔跑，他需要多长时间才能到达半程点？

60 如果比赛在早上7时30分开始，那么他完成比赛的时间是什么时候？

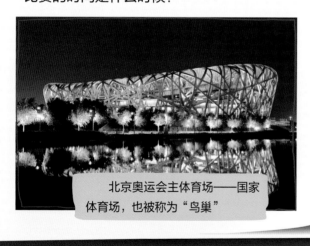

北京奥运会主体育场——国家体育场，也被称为"鸟巢"

最奇怪的马拉松比赛

每年，在威尔士的兰沃德，会举办一场名为"人与马的对抗"的马拉松比赛。起初的24年都是马匹赢得胜利，直到精英马拉松运动员休·洛布参加这场比赛，成为第一位人类获胜者。

2008年北京奥运会上的马拉松比赛

等待时的解谜游戏

马拉松选手在比赛前必须非常专注。解谜游戏可以帮助他们在重要的比赛前放松。

61 在等待的时候，请试着解出下面的数字谜题。

（例如，"1，横向"的结果是48，所以答案就是6×8）

¹4	8			²8
9		³5		1
		⁴6	⁵3	
⁶7	2		⁷6	4

横向
1. 6 × □
4. 7 × □
6. 8 × □
7. 8 × □

纵向
1. 7 × □
2. 9 × □
3. 7 × □
5. 9 × □

自行车山地越野赛

2008年北京奥运会，男子自行车越野赛在老山举行。比赛由8圈4.6千米的赛道组成。比赛开始前，排名靠前的车手站在前面。比赛开始时大家同时出发，这是一场艰苦的比赛，有陡峭的爬坡和下坡，也有林间小路和布满碎石的小路，这些都是车手们必须克服的困难。2008年的奥运会，此项比赛由法国的朱利安·阿布萨隆以1小时55分59秒的成绩夺冠。

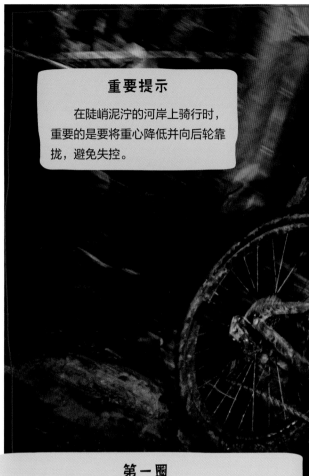

重要提示

在陡峭泥泞的河岸上骑行时，重要的是要将重心降低并向后轮靠拢，避免失控。

障碍物

赛车手会在大块的岩石、碎石和其他不同形状的障碍物周围行驶。观察以下形状并回答问题。

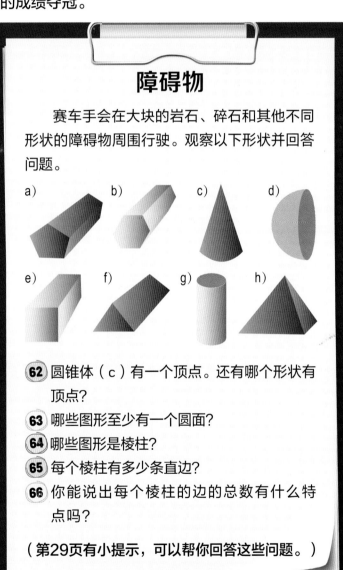

a)   b)   c)   d)

e)   f)   g)   h)

62 圆锥体（c）有一个顶点。还有哪个形状有顶点？

63 哪些图形至少有一个圆面？

64 哪些图形是棱柱？

65 每个棱柱有多少条直边？

66 你能说出每个棱柱的边的总数有什么特点吗？

（第29页有小提示，可以帮你回答这些问题。）

第一圈

第一圈所用时间比领骑者多80%以上的车手会被淘汰。

精心规划

车手在比赛日之前要熟悉赛道。他们在脑海中计划比赛期间在赛道上必须克服的障碍的顺序。

尝试完成这些数列，看看你是否可以把它们按正确的顺序排好。

67 接下来的三个数字是什么？

a）12，19，26，33，_，_，_

b）101，104，107，110，_，_，_

c）32，29，26，23，_，_，_

68 缺少的数字是什么？

a）_，_，36，40，_，48，_

b）16，7，_，–11，_，_

（第29页有小提示，可以帮你回答这些问题。）

重要提示

通常情况下，车手需要腾空而起，在保持速度的同时跳过障碍物。他们需要看清前方的路况，在脑海中规划路线，并评估需要多大的跳跃幅度才能越过空隙或障碍物。

小提示

第7页

气垫的挑战

想要得到面积，你需要使用乘法：

长×宽＝面积

想要知道每个气垫中有多少空气，你需要算出体积。你可以用乘法：

高×长×宽＝体积

所以，计算一个边长为1米的立方体体积的算式如下：

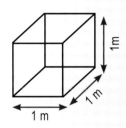

1米×1米×1米＝1立方米

重要提示： 1米等于100厘米。

第8页

距离

请记住，网格上的每个正方形的尺寸为6米×6米。

运动员在投出标枪时必须保持在投掷线以内（A4），所以你需要从B4格子开始计数。示例中显示了投掷42—48米会落在格子 I4 上。记住每个格子的尺寸是6米×6米，所以你需要把每个格子算作6米长。

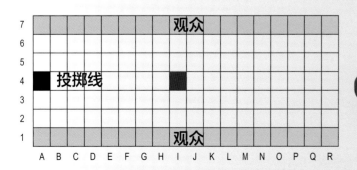

第10页

世界纪录

把时间累计起来，4位运动员一共跑了2分54秒。要计算每位运动员的平均时间，请将时间除以4。

重要提示： 1分钟有60秒，因此在将时间除以4之前先将其转换为秒。

第12页

掷链球

"角度"是表示旋转程度的量度，以"度"为单位。"度"的符号是"°"。

一整圈（一周）为360度，一周有四个90度。

重要提示： 45度是90度的一半。

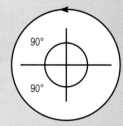

对于问题21，请确定运动员的旋转角度是否超过360度（经过最初的起点）。

第14—15页

高低杠

重要提示： 一个完整的空翻等于旋转一圈，即360度。

器械

将每个器械的高度换算为相同的度量单位。

重要提示： 1米等于1000毫米，也等于100厘米。

第16页

跳水

重要提示： 你知道跳水者下落10米需要2秒钟。要弄清楚跳水者在1秒钟内下落的距离，可以将10除以2。

第19页

速度和距离

如果用30分钟可以航行8千米,那么
60分钟你可以航行多远?
1小时=60分钟

第20页

速度

在比较不同的信息时,可以先将信息按一定顺序排
列。在本题中,可以按速度由快到慢的顺序列出男击剑手
的名字和所用时间,女击剑手也是一样。

第26页

障碍物

棱柱是两个底面平行且全等,每个侧面都是平行四边
形的立体图形。长方体是一种特殊的四棱柱。圆柱体不是
棱柱。

精心规划

重要提示:查看序列时,请尝试找出相邻数字之间的
差异,并找到规律。

答案

第6-7页

漫长的一天

1）a）上午10:10：小睡
　　b）上午7:10：检查设备
　　c）上午9:09：按摩
2）20分钟
3）180分钟（3小时）
4）45分钟

气垫的挑战

5）垫子占地面积：
　　a）12平方米（m²）
　　b）20平方米（m²）
　　c）27平方米（m²）
　　d）45平方米（m²）
　　e）72平方米（m²）
6）这个气垫里有135立方米（m³）的空气。

第8-9页

距离

7）Q4
8）M4
9）R4

训练时间

运动员训练时间如下：
10）在2周内，花了28小时。
11）在3周内，花了42小时。
12）在10周内，花了140小时。

第10-11页

世界纪录

13）2分6秒
14）1分21秒
15）43.5秒

集中精力

18）A、T、H这三个字母是左右对称的。

第12-13页

掷链球

19）a）45度　b）270度　c）90度
20）运动员旋转了180度。
21）运动员旋转了900度。

速度

22）6米/秒
23）52米/秒
24）3.5秒

第14-15页

高低杠

25）720度（2×360度）
26）1 080度（3×360度）
27）1 800度（720度＋1 080度）

器械

28）男子单杠
29）1.95米
30）男子鞍马

第16-17页

跳水

31）5米
32）10秒
33）40米
34）7.5米

位置与数值

35）一千
36）一万
37）五十
38）九百

第18-19页

青岛

39）大约13倍

40）大约3圈

41）347千米

42）138.8千米/小时

速度和距离

43）104千米

44）16千米/小时

第20页

速度

45）4

46）莎伦

47）第5

48）3名女性和4名男性

49）a）史蒂芬

　　b）萨拉

　　c）约翰

第22-23页

预算

50）1 126 000美元

51）73 600美元

52）34 000美元

53）80 000美元

54）24 000美元

估算

以下估算最接近实际情况：

55）25千米/小时

56）2.3米

57）2.4米

第24-25页

比赛

58）21.1千米

59）1小时3分16秒

60）上午9:36:32

等待时的解谜游戏

4^1	8			8^2
9		^{35}		1
		^{46}	^{53}	
^{67}	2		^{76}	4

横向
1. 6 x 8 = 48
4. 7 x 9 = 63
6. 8 x 9 = 72
7. 8 x 8 = 64

纵向
1. 7 x 7 = 49
2. 9 x 9 = 81
3. 7 x 8 = 56
5. 9 x 4 = 36

第26页

障碍物

62）五棱柱（a），六棱柱（b），四棱柱（e），
　　三棱柱（f），四棱锥（h）

63）圆锥（c），半球（d），圆柱（g）

64）五棱柱（a），六棱柱（b），四棱柱（e），
　　三棱柱（f）

65）三棱柱 9，四棱柱 12
　　五棱柱 15，六棱柱 18

66）它是3的倍数。

精心规划

67）a）40，47，54
　　b）113，116，119
　　c）20，17，14

68）a）28，32，44，52
　　b）-2，-20，-29